Rotkang Julius Bako

ALTERAÇÕES NA UTILIZAÇÃO DOS SOLOS

Rotkang Julius Bako

ALTERAÇÕES NA UTILIZAÇÃO DOS SOLOS

ALTERAÇÕES NA UTILIZAÇÃO DOS SOLOS NA CIDADE DE BUKURU, NA ZONA GEOGRÁFICA DE JOS-SUL DO ESTADO DO PLANALTO, DE 1992 A 2015

ScienciaScripts

Imprint

Cover image: www.ingimage.com

This book is a translation from the original published under ISBN 978-620-8-01172-7.

Publisher:
Sciencia Scripts
is a trademark of
Dodo Books Indian Ocean Ltd. and OmniScriptum S.R.L publishing group

120 High Road, East Finchley, London, N2 9ED, United Kingdom
Str. Armeneasca 28/1, office 1, Chisinau MD-2012, Republic of Moldova, Europe
Printed at: see last page
ISBN: 978-620-8-32592-3

CERTIFICAÇÃO

Certifico que este projeto foi realizado por BAKO ROTKANG JULIUS do Departamento de Geografia e Planeamento, Faculdade de Ciências Ambientais da Universidade de Jos, sob a minha supervisão.

________________________ ____________________

SR. I. S. LAKA Data

Supervisor de projeto

________________________ ____________________

PROF. E. A. OLOWOLAFE Data

Chefe de Departamento,

Geografia e Planeamento.

________________________ ____________________

Examinador externo Data

DEDICAÇÃO

Dedico este trabalho a Deus Todo-Poderoso pelos seus dons indescritíveis, graça, misericórdia e força que me concedeu ao longo de todo este percurso; também à minha família e amigos pelo encorajamento e apoio financeiro para o sucesso deste trabalho, respetivamente.

RECONHECIMENTO

A minha profunda gratidão a Deus Todo-Poderoso pela Sua interminável provisão, proteção, Graça e Força Divina ao longo das dificuldades, lutas e traumas superados para a realização deste trabalho.

Este trabalho não teria sido um sucesso sem as contribuições da minha amada família; Sr. e Sra. BAKO, Sr. EMMANUEL, CHARLES, CINDERELLA, Sra. LILLIAN, MARTHA, e o maior BAKO PRECIOSO do mundo, que sempre estiveram lá para me apoiar financeiramente. BAKO, Sr. EMMANUEL, CHARLES, CINDERELLA, Sra. LILLIAN, MARTHA, e o maior BAKO PRECIOSO do mundo, que sempre estiveram presentes para me apoiar financeiramente, e em todas as ramificações para o sucesso do meu trabalho de investigação.

O meu sincero agradecimento ao meu supervisor, nas pessoas de: Sr. I. S. LAKA e Sr. ELIJAH AKINTUNDE, pelos seus esforços incansáveis, orientação atempada, assegurando que o objetivo de realizar este trabalho de investigação não fosse perdido ou atirado aos cães' mesmo até ao fim. Que Deus vos abençoe a todos e vos eleve mais alto do que estão agora.

Ao Quickbird.org pelo fornecimento de imagens de satélite para ajudar esta investigação, sem as quais teria sido difícil realizá-la.

A todas as fontes utilizadas para o desenvolvimento deste trabalho, obrigado.

Agradeço também o apoio dos meus amigos Kopdy Ayuba, Sho Godiya (show boy), Dung Joel Luka (El-joe), Daniel Agada (Ogbex), para mencionar apenas alguns, bem como de outras pessoas que sempre perguntaram pelo progresso do meu trabalho de investigação. Que Deus vos abençoe a todos, AMÉM!!!

RESUMO

Esta investigação analisa imagens de satélite Quick bird da cidade de Bukuru, Jos-South L.G.A do Estado de Plateau, no centro da Nigéria, relativas a 2013, e o mapa digital geo-referenciado da utilização do solo da cidade de Bukuru, digitalizado, relativo a 1992. Foram utilizadas imagens de satélite de 1992 e 2013, juntamente com questionários, para examinar a taxa espacial e as percentagens de alterações na utilização dos solos na cidade de Bukuru, Jos-South L.G.A., utilizando técnicas de deteção remota e SIG. As imagens de satélite de 2013 e as actividades de utilização dos solos do local (tal como em 2015, observadas no terreno) foram utilizadas para examinar as alterações na utilização dos solos. No final desta investigação, foram produzidos mapas de utilização do solo e mapas de alterações de utilização do solo para 2015. As taxas e percentagens de alterações do uso do solo da área dentro da mesma extensão espacial para 1992 e 2015 também foram analisadas para usos futuros. Os resultados produziram uma mudança de 0,21% ao longo de um período de 23 anos de estudo com uma cobertura de terra de 2.835,9 metros quadrados de usos da terra como a taxa de mudança por ano dentro das épocas (1992-2015). Os fatores evidentes responsáveis pela mudança de acordo com a prioridade das respostas são: - Alta demanda da categoria de uso, Mudança no status da cidade de Bukuru, Disponibilidade de instalações como estradas, água e eletricidade e Mudança na política governamental sobre uso da terra / terra etc.

ÍNDICE DE CONTEÚDOS

CAPÍTULO I

INTRODUÇÃO

1.1 ANTECEDENTES DO ESTUDO

A terra, enquanto entidade, é vista de diferentes perspectivas e definida em conformidade. O dicionário inglês (2001) define terra como "a matéria sólida que constitui a parte fixa da superfície terrestre" (o globo). A terra também pode ser vista como um bem consumível ou uma matéria-prima num determinado local, por outras palavras, é a totalidade das caraterísticas naturais que incluem: - tipos de solo, geologia, clima, hidrologia (rios, riachos), montanhas, colinas, ravinas, vales, etc. (Laka, 1994). A terra tem várias caraterísticas, incluindo o facto de ser um recurso natural, tal como o ar, a água e outros gases, que normalmente têm uma importância grande e positiva para o bem-estar do homem.

A terra pode ser considerada em dois planos. Em primeiro lugar, a partir da escala territorial, que envolve uma grande área de terra onde existe uma forte disposição para pensar a terra em termos dos seus rendimentos de matérias-primas que são necessários para sustentar as pessoas e as suas actividades. Neste plano, a "terra" é um "recurso" e a utilização da terra significa "utilização de recursos" ou "utilização de recursos" (Vitez, 2009). Em segundo lugar, é ao nível urbano que se coloca a tónica nas potencialidades de utilização da terra e nas actividades empregues pelo homem na superfície da terra, em vez de se caraterizar a terra em termos de potencialidades de produção do solo e dos conteúdos minerais subterrâneos. No contexto dos recursos, a terra é classificada em categorias como mineração, agricultura, pastagem e silvicultura, enquanto no contexto das áreas urbanas, a terra é classificada em categorias como: - mineração, processamento, distribuição/serviços, habitação, recreação, transporte e outras actividades de uma sociedade urbana. As medições são efectuadas em hectares de áreas de solo ou em metros quadrados de áreas de pavimento (Vitez, 2009).

A aparência física de uma área significa o resultado de factores naturais, socioeconómicos e outras actividades do homem no tempo e no espaço, incluindo - mineração, processamento, distribuição / serviços, habitação, recreação, transporte, industrialização e comercialização, assim, causando a maioria das áreas metropolitanas para enfrentar os problemas crescentes de Urbanização (mudanças no uso da terra, alta explosão populacional), expansão urbana, perda de vegetação natural e espaço aberto, (Nuhu, 2012). A terra é um recurso natural limitado e não renovável, que suporta necessidades básicas importantes para a sobrevivência humana, incluindo alimentos, energia e água. A terra é necessária para várias utilizações em qualquer sociedade. A terra é um importante fator de produção e um elemento vital no desenvolvimento socioeconómico, no planeamento e na tomada de decisões positivas em qualquer país ou sociedade (FMH e UD, 2006). Durante muito tempo, os planeadores e os decisores políticos classificaram habilmente a terra de acordo com várias utilizações, o que serviu de base de dados para um planeamento e uma implementação eficazes (Narain; Koroluk, 1999). Por conseguinte, a terra adquirida pelo homem é utilizada para diferentes fins, consoante o tipo de terra ou a escolha do proprietário, o que se designa por "utilização da terra" (Nuhu, 2012).

No entanto, a paisagem de qualquer local onde os seres humanos realizam determinadas actividades ou usos do solo, tais como: povoações, agricultura, indústrias, comercialização, transportes e instituições, está, de facto, num processo de transformação rápida e radical, fazendo com que o padrão de uso do solo não seja estático, pelo que se observa um grande grau de mudanças nos usos do solo ao longo do tempo, (Drake e Vafeidis, 2004). O uso que se dá a uma terra pode mudar com o tempo; assim, uma caraterística saliente da mudança de uso da terra é a transferência gradual de uma para outra para a distribuição espacial das actividades na terra, (Nuhu, 2012).
As alterações na utilização dos solos remontam aos tempos pré-históricos, pelo que a superfície da terra em diferentes partes, como a Espanha, a Tailândia, a China e também a Nigéria, foi grandemente alterada mais do que uma vez e são consequência direta e indireta das acções humanas para assegurar recursos essenciais: Espanha, Tailândia, China e também Nigéria, foram grandemente alteradas mais do que uma vez e são consequência direta e indireta das acções humanas para assegurar recursos essenciais; desde os tempos pré-históricos que o homem tem gradualmente retirado a floresta (desflorestação) da superfície da terra para seu próprio benefício, substituindo-a assim por actividades como: pastoreio nas terras altas e pastagens aráveis nas terras baixas; que mais tarde transitam para - assentamentos rurais e urbanos com diferentes práticas agrícolas. Atualmente, o crescimento urbano é um fenómeno global e um dos mais importantes processos de reforma que afecta o ambiente natural e humano através de muitas actividades ecológicas e socioeconómicas (Mandelas, et al, 2007). Mais recentemente, a industrialização encorajou a concentração da população humana nas áreas urbanas (urbanização) e o despovoamento das áreas rurais, acompanhado pela intensificação da agricultura nas terras mais produtivas e o abandono das terras marginais. Todas estas causas e as suas consequências são observáveis simultaneamente em todo o mundo atual (Encyclopedia of Earth, 2010).

Atualmente, as comunidades de todo o mundo necessitam de dados espaciais para compensar e adaptar-se ao crescimento urbano atual, ao mesmo tempo que planeiam as alterações futuras previstas e os seus impactos nas infra-estruturas, bem como no ambiente circundante, que devem ser captados no momento oportuno (focalizado ou previsto). As rápidas taxas de alterações urbanas e a taxa de urbanização estão atualmente no centro das disputas políticas locais (Goetz, et al., 2003). Por conseguinte, para compreender a evolução de vários sistemas de uso da terra, urbanização e disputas políticas, é necessário analisar as mudanças dramáticas na finalidade a que todas as terras são destinadas a vários níveis, ou seja, (níveis global, continental, urbano e rural ou local) respetivamente, de modo a explorar a extensão dos padrões de mudanças presentes e futuras (Goetz, et al., 2003). A cidade de Bukuru é a segunda maior cidade do Estado de Plateau. Bukuru não foi deixada de fora dos desafios da urbanização, do crescimento e do desenvolvimento urbanos, que necessitam de dados espaciais (base de dados) para os gerir, planear e melhorar.

As imagens de deteção remota fornecem meios eficazes de analisar, obter e compreender informações sobre tendências temporais, distribuição espacial de fenómenos, bem como alterações em objectos localizados em áreas urbanas. As actividades antropogénicas alteraram significativamente as actividades e utilizações da terra e, por conseguinte, até certo ponto, a presença do homem na terra e a sua utilização contínua da terra de diversas formas estão a ter efeitos profundos no ambiente natural, resultando assim num padrão observável na alteração da utilização da terra ao longo do tempo (Elvidge, at al., 2004).

Por conseguinte, a informação sobre as mudanças na utilização dos solos e as possibilidades da sua utilização optimizada é essencial para a seleção, o planeamento e a aplicação de regimes de utilização dos solos para satisfazer a procura crescente de necessidades humanas básicas e de bem-estar. Esta informação também ajudaria a monitorizar a dinâmica dos usos do solo, resultante da evolução da procura com base no aumento da população. A alteração da utilização dos solos tornou-se uma componente central das estratégias actuais de gestão dos recursos naturais e de monitorização das alterações ambientais (Jensen, 2005). O avanço do conceito de cartografia da vegetação aumentou consideravelmente a investigação sobre as alterações da utilização dos solos, proporcionando assim uma avaliação exacta da extensão e da saúde dos recursos florestais, pratenses e agrícolas do mundo, o que se tornou uma prioridade importante. Ver a terra a partir do espaço é agora crucial para a compreensão da influência das actividades do homem na sua base de recursos naturais ao longo do tempo, (Jensen, 2005). Por conseguinte, os dados espaciais sobre a utilização da terra, os métodos e as ferramentas de análise espacial são essenciais para a investigação das alterações da utilização da terra na cidade de Bukuru, Jos-South L.G.A do Estado de Plateau, durante um período de 23 anos, de 1992 a 2015.

1.2 DESCRIÇÃO DO PROBLEMA

As mudanças na utilização da terra estão a ocorrer rapidamente, especialmente em áreas de elevada densidade populacional, como todas as capitais de estados da Nigéria e, de facto, a cidade de Bukuru em Jos-South L.G.A. do Estado de Plateau. Plateau tem assistido à sua quota-parte de consumo crescente de terras, alterações, expansão notável, crescimento e actividades de desenvolvimento, incluindo - edifícios, construção de estradas, desflorestação e muitas outras actividades antropogénicas em tendências razoáveis de tempo. Por conseguinte, a necessidade desta investigação surge com o objetivo de criar ou fornecer dados de base para a tomada de decisões, o planeamento e a implementação de utilizações do solo no planalto de Jos, tendo em vista a utilização sustentável dos recursos e o desenvolvimento sustentável.

Por conseguinte, esta investigação abordará as seguintes questões

- Qual é a cobertura espacial dos diferentes tipos de uso do solo encontrados na área de estudo?
- Existe alguma alteração notável na cobertura espacial dos usos do solo ao longo dos anos de estudo?
- Quais são as taxas de mudança de uso do solo de cada tipo de uso entre os anos de estudo?

1.3 OBJECTIVO E OBJECTIVOS DO ESTUDO

O objetivo deste estudo é produzir um mapa de alterações da utilização do solo da cidade de Bukuru, em Jos-South L.G.A., entre diferentes anos de 1992-2015, a fim de detetar o grau de alterações da utilização do solo que tiveram lugar.

Os objectivos do estudo baseados na finalidade são os seguintes -

1. Identificar os diferentes tipos de utilização na zona de estudo para cada ano de estudo.
2. Medir as taxas de alteração do uso do solo e a cobertura da área de cada uso de um ano para o outro.
3. Gerar um mapa de mudança de uso do solo da cidade de Bukuru, em Jos-South L.G.A. entre as épocas.

1.4 HIPÓTESE DO ESTUDO

H_O ; - Não há actividades notáveis de crescimento e desenvolvimento, tais como edifícios, construção de estradas, desflorestação e muitas outras actividades antropogénicas em períodos de tempo razoáveis, na cidade de Bukuru, Jos-South L.G.A.

H_A ;- Há um crescimento notável e actividades de desenvolvimento, tais como edifícios, construção de estradas, desflorestação e muitas outras actividades antropogénicas em prazos razoáveis, na cidade de Bukuru, Jos-South L.G.A.

1.5 IMPORTÂNCIA DO ESTUDO E RESULTADOS ESPERADOS

Na maior parte dos países em desenvolvimento, especialmente na Nigéria, não existe informação relevante e atual sobre o nosso ambiente e sobre a forma como este se altera ao longo do tempo (Ezeomedo, 2006). Este problema (alterações na utilização dos solos) afectou, portanto, a deteção de alterações que deveriam ter contribuído para o desenvolvimento sustentável. Assim, é necessário dispor de informações exactas e atempadas para a monitorização ambiental, o planeamento, a aplicação de políticas e a previsão. Embora tenham sido realizados vários trabalhos num sistema convencional para produzir algumas informações sobre as alterações da utilização dos solos em algumas cidades da Nigéria, não foram efectuados muitos estudos a nível local, especialmente na cidade de Bukuru em Jos-South L.G.A. Por conseguinte, este estudo serviria como uma base de dados significativa para uma gestão adequada dos solos, das suas utilizações e dos desenvolvimentos futuros previstos.

1.6 ÂMBITO E LIMITAÇÕES

Esta investigação restringe-se apenas a um âmbito espacial, com extensão espacial de: (Longa 4° 30^{I} 43.532^{II} E, Lat 0 $0^{O\,I}$ 3.184^{II} N, Longa 4° 32^{I} 21.783^{II} E, Lat 0° 0^{I} 7.19^{II} N, Longa 4° 32^{I} 19.885^{II} E, Lat 0° 1^{I} 6.074^{II} S, Longa 4° 30^{I} 42.532^{II} E, Lat 0° 1^{I} 2.049^{II} S, utilizando uma imagem de satélite quick-bird e um mapa gerado a partir de fotografias aéreas da cidade de Bukuru. Assim, esta investigação também será restrita, considerando um âmbito temporal entre os anos; 1992-2015, com base no mapa gerado por Laka, (1994); servindo como mapa de base e uma imagem de satélite de pássaro rápido para 2013 com a mesma extensão espacial, como indicado acima, respetivamente; No entanto, o âmbito tópico desta investigação será restrito apenas às Mudanças no Uso da Terra na cidade de Bukuru, Área de Governo Local Jos-South do Estado de Plateau (dentro do âmbito espacial e temporal) para não se desviar do assunto em questão.

1.7 ÁREA DE ESTUDO

MAPA DA NIGÉRIA, MOSTRANDO O ESTADO DO PLANALTO

FONTE: BAKO, R. J. 2014

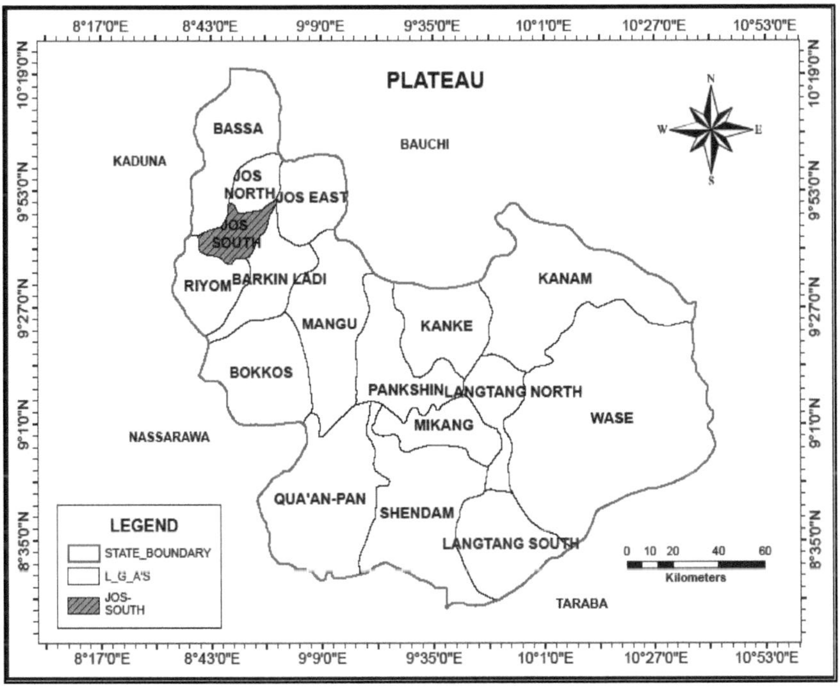

MAPA DO ESTADO DO PLANALTO, MOSTRANDO JOS-SUL

FONTE: BAKO, R. J. 2014

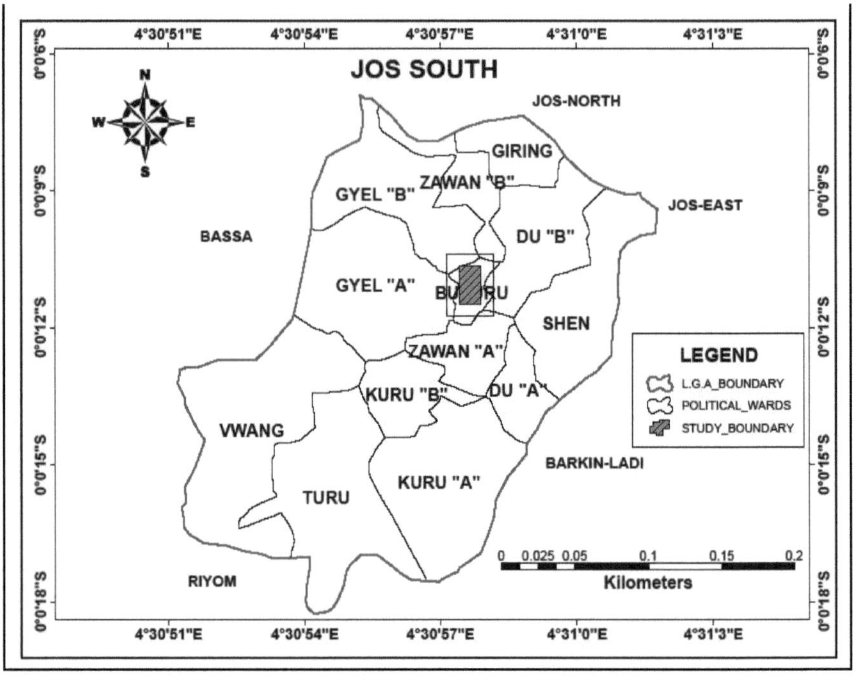

MAPA DA G.L.A. JOS-SUL, MOSTRANDO A CIDADE DE BUKURU

FONTE: BAKO, R. J. 2014

No passado, a cidade de Bukuru, em Jos-South L.G.A. do Estado de Plateau, era considerada uma cidade satélite separada de Jos, mas, como todas as outras formas de desenvolvimento rápido atualmente, Jos fundiu-se com Bukuru para formar a área urbana Jos-Bukuru (Metrópole). Atualmente, Bukuru é a sede da zona governamental local de Jos-South, que se desenvolveu como cidade satélite mineira de Jos, a capital do Estado do Plateau. Bukuru desenvolveu-se ao longo dos anos como sede administrativa da então Amalgamated Tin Mines of Nigeria (ATMN), atualmente Consolidated Tin Mines of Nigeria (CTMN), da Nigerian Electricity Supply Company (NESCO) e, mais recentemente, como sede administrativa da recém-formada área governamental local de Jos-South. A presença de empresas como a CTMN, a Minefield, os grandes moinhos de cereais e de óleo e algumas outras pequenas indústrias aproveitaram adequadamente a atual força de trabalho da cidade de Bukuru. Outros habitantes residem na cidade e trabalham em Jos, Vom e Barkin-Ladi devido à sua proximidade e acessibilidade ou porque efectuam negócios comerciais na cidade.

1.7.1 Localização e clima

A área de estudo, a cidade de Bukuru em Jos-South L.G.A do Estado de Plateau, está localizada na latitude 09^0 48^I N e 08^0 52^I E / 9.800^0 N e 8.867^0 E na Nigéria, com uma área de cobertura de cerca de

5.104km^2 /1.971sqmi, a cidade de Bukuru também possui uma temperatura máxima anual média de 16^0 c e uma estação chuvosa distrital entre 1400-1500mm. (Wikipedia, 2014).

1.7.2 Topografia e geologia

Geologicamente, a sequência geral do planalto de Jos é constituída por rochas plutónicas; a área de estudo (Bukuru) é constituída por rochas pré-câmbricas e cambrianas e granitos mais antigos que foram erodidos para expor o granito mais jovem. A cidade de Bukuru também está situada numa das partes mais altas do planalto, a 1.200 m acima do nível médio do mar, ao longo de um ramal ferroviário, e ainda é um importante centro mineiro de estanho e columbite. O solo é geralmente pobre e enquadra-se nos tipos ferríferos, contendo pedras de ferro ou cascalho.

1.7.3 Alívio e drenagem

A cidade de Bukuru possui uma superfície terrestre relativamente plana porque está situada numa das partes mais altas do Planalto, a 1 200 m acima do nível médio do mar. A natureza plana da cidade de Bukuru também lhe confere uma caraterística distintiva, possuindo assim um padrão de drenagem radial, ou seja, a água flui do centro da cidade para o exterior.

1.7.4 Actividades socioeconómicas

Urbanização; nos últimos tempos, Bukuru tem assistido a um crescimento maciço da urbanização com o afluxo de bancos, hotéis e centros recreativos. É também a sede de uma das indústrias de maior sucesso na Nigéria, que é a Grand Cereals and Oil Mills, uma subsidiária da United African Company (UAC).

População; A cidade de Bukuru possui uma população de cerca de 372 pessoas por quilómetro quadrado, o que resulta da rápida taxa de urbanização, comercialização e industrialização. Assim, Bukuru tem uma população de cerca de 36.305 pessoas [2008 est. (Wikipedia, 2014)].

Transportes; o caminho de ferro ligeiro de Bauchi, com 762 mm (2 pés e 6 polegadas), encerrado em 1967, tinha sido construído em 1914 para transportar estanho de Bukuru para Zaria (120 milhas [190 km] a noroeste) e fazia a ligação com a linha para Lagos. O atual ramal ferroviário de 1 067 mm (3 pés e 6 polegadas) que liga Port-Harcourt (370 milhas [595 km] a sul-sudoeste) às minas de Jos e Bukuru foi concluído em 1927. Os minerais continuam a ser enviados para Jos para fundição e depois para Port-Harcourt para exportação. Bukuru está também associada às minas a céu aberto, que constituem depósitos exploráveis de caulino.

As práticas agrícolas nesta área são essencialmente como as de Jos, sendo o milho, a mapira, o painço e a archa as principais culturas que são normalmente plantadas durante as estações das chuvas. Após as chuvas, são empregues métodos de irrigação para o cultivo de legumes como: -Cenouras, repolhos, tomates e, por vezes, batatas irlandesas; os habitantes criam pequenos animais e gado, e alguns deles praticam uma avicultura modernizada.

Religião; O Theological College of Northern Nigeria (TCNN) situa-se em Bukuru, onde se encontra a sede da African Christian Textbooks (ACTS).

CAPÍTULO DOIS
REVISÃO DA LITERATURA

2.1 INTRODUÇÃO

A terra é o palco onde se desenvolve toda a atividade humana e a fonte dos materiais necessários a essa atividade. A utilização humana dos recursos terrestres dá origem a uma "utilização do solo" que varia em função dos fins a que se destina, sejam eles a produção de alimentos, o fornecimento de abrigo, a recreação, a extração e a transformação de materiais, bem como as caraterísticas biofísicas do próprio solo (Braissoulis, 2013). Assim, o uso da terra está a ser moldado sob a influência de dois grandes conjuntos de forças:

- Necessidades humanas
- Caraterísticas e processos ambientais.

Nesta mesma linha, nenhuma destas forças permanece imóvel; estão num estado constante de fluxo, uma vez que a mudança é muito normal à vida. As mudanças nos usos do solo que ocorrem em vários níveis espaciais e em vários períodos de tempo são as expressões materiais, entre outras, das dinâmicas ambientais e humanas e das suas interações que são mediadas pelo solo, (Braissoulis, 2013). Estas alterações são por vezes benéficas e outras vezes têm impactos e efeitos prejudiciais sobre as vidas e as propriedades; estas últimas são as principais causas de preocupação, uma vez que afectam de forma variada o bem-estar humano.

2.2 CONCEITO DE TERRA

TERRA:

O Web Finance Dictionary, (2014) referiu-se à terra geralmente como o fator de produção primário que não é consumido, mas sem o qual não é possível produzir. Assim, a terra é um recurso que não tem custos de produção e, embora a sua utilização possa ser alterada de uma utilização menos rentável para uma mais rentável, o termo "terra" inclui todos os elementos físicos da riqueza de uma nação concedidos pela natureza: Clima, ambiente, campo, florestas, minerais, montanhas, lagos, riachos, mares e animais. Estas definições tentam explicar claramente a terra como um ativo que inclui tudo o que se segue

- Solo: como edifícios, culturas, vedações, árvores, água, etc.
- Acima do solo: direitos do ar e do espaço.
- Debaixo da terra: direitos minerais, até ao centro da terra.

A FAO, (2006) definiu a terra como uma área delineável da superfície terrestre da terra, abrangendo todos os atributos da biosfera imediatamente acima ou abaixo desta superfície, incluindo os do clima próximo da superfície, as formas do solo e do terreno, a hidrologia da superfície (incluindo lagos rasos, rios, pântanos e pântanos), as camadas sedimentares próximas da superfície e a reserva de água subterrânea associada, as populações de plantas e animais, o padrão de assentamento humano e o resultado físico das actividades humanas passadas e presentes (terraços, estruturas de armazenamento ou drenagem de água, estradas, edifícios, etc.).). Eschborn, (2011) também se referiu à terra como um recurso escasso ou um bem cada vez mais afetado pela competição de usos mutuamente exclusivos pelo homem, Assim, a partir destas definições, uma definição simples de trabalho adoptada para este estudo pode ser inferida como "O agregado sólido da superfície terrestre, onde as actividades do homem são apoiadas e realizadas" Estas actividades incluem; - desenvolvimentos urbanos, actividades recreativas, pedreiras, agricultura, industrialização, comercialização e transporte (Laka, 1994).

2.3 CONCEITO DE UTILIZAÇÃO DOS SOLOS

De um modo geral, são necessários certos conceitos e definições como base para a discussão subsequente que diz respeito à própria terra, tipos de utilização da terra, caraterísticas da terra, qualidades e melhorias efectuadas na terra. A perceção das práticas de utilização da terra varia consideravelmente em todo o mundo; (UNFAO, 2013) A Divisão de Desenvolvimento da Água explica que "a utilização da terra diz respeito aos produtos e/ou benefícios obtidos a partir da utilização da terra, bem como às acções (actividades) de gestão da terra, levadas a cabo pelos seres humanos para produzir esses produtos e benefícios". No entanto, a utilização do solo nem sempre é diretamente observável. Devido às definições acima, o uso da terra inclui aspectos que vão para além da caraterização da cobertura biofísica da terra. A identificação do uso do solo "requer interpretações socioeconómicas das actividades que têm lugar" na superfície terrestre (Fisher et al, 2005: 86). O uso do solo pode muitas vezes ser inferido a partir da simples observação da cobertura do solo, mas para identificar alguns usos do solo, é necessário ter em conta informações adicionais sobre as actividades humanas no solo ou a presença de elementos específicos na paisagem. A obtenção desta informação pode muitas vezes exigir visitas ao terreno e entrevistas. Muitos factores determinam o uso do solo. Em primeiro lugar, os factores biofísicos favorecem ou limitam a utilização das terras (clima, topografia, solo, água). O contexto cultural, as tradições locais, os aspectos institucionais e políticos também interferem (Cihlar e Jansen 2001, Jansen 2006) e, por último, a dinâmica demográfica e económica pode impulsionar a procura de determinados serviços e bens que, por sua vez, influenciam a alteração da utilização da terra.

USO DO TERRENO:

Uma das primeiras definições gerais dadas pelo primeiro inquérito sobre a utilização da terra na Grã-Bretanha, no ano de 1931, implica simplesmente que a utilização da terra é a adaptação da terra pelo homem na superfície terrestre (Robin 1981). Marioon, (1965) define o termo 'uso da terra' como ou especificamente as actividades do homem na terra que estão diretamente relacionadas com a terra. Tuner et al, (2000), definiu o uso da terra como a forma como os atributos biofísicos da terra são manipulados, ou seja, "o objetivo para o qual a terra é utilizada". No entanto, muito recentemente, Ellis (2010), de acordo com as definições acima, considera a utilização da terra como as actividades do homem na terra para o fim para o qual a terra está a ser utilizada. Ou seja, a modificação e a gestão da terra para fins de agricultura, assentamento, silvicultura e outros fins modernos de utilização da terra que envolvem o homem na terra, tais como - designação de reservas naturais para conservação, recreação e lazer. Existe uma forte predisposição para pensar na utilização da terra em termos dos seus objectivos funcionais (agricultura, habitação, recreio, etc.) em oposição à simples forma de cobertura do solo (culturas, árvores, casas, charnecas, etc.), mas o ponto-chave é que as actividades humanas são fundamentais para qualquer utilização da terra; se esta proposição for aceite, é utilizada neste trabalho uma definição de trabalho adoptada a partir de Robin (1981). Esta define a utilização do solo como sendo simplesmente os aspectos espaciais de todas as actividades do homem na terra e a forma como a terra está adaptada ou pode ser adaptada para servir eficazmente os seres humanos.

ALTERAÇÕES NA UTILIZAÇÃO DOS SOLOS:

Na análise da alteração do uso do solo, é necessário, em primeiro lugar, concetualizar o significado de "alteração" para a detetar em situações do mundo real. Por conseguinte, as alterações do uso do solo podem ser definidas como "a conversão ou transição das actividades do homem na terra, de um sistema para outro" (dicionário Encarta, 2014). De forma semelhante, a mudança de uso da terra pode envolver:-

- Conversão de um tipo de utilização para outro, ou seja, alterações na mistura e no padrão de Utilizações do solo numa zona, ou
- Modificação de certos tipos de usos do solo, ou seja, mudanças na intensidade desses usos, bem como alterações de qualidades/atributos, por exemplo, mudanças de zonas residenciais de baixo rendimento para zonas residenciais de elevado rendimento (os edifícios permanecem física e quantitativamente inalterados).

2.3.1 Esquema de classificação do uso do solo

O dicionário inglês, (2014) define classificação como o ato de formar uma classe ou distribuição em grupos de conjuntos como: - classes, ordens e famílias, de acordo com algumas relações ou atributos comuns possuídos pelos conjuntos. Sokal (1974) definiu o esquema de classificação do uso do solo como: "a ordenação e disposição dos objectos em grupos ou conjuntos com base nas suas relações". Assim, o esquema de classificação do uso do solo é uma representação abstrata da situação no terreno utilizando critérios de diagnóstico bem definidos. Herold et' al, (2005) afirmaram que os esquemas de classificação da utilização do solo descrevem o quadro sistemático com o nome das classes tal como identificadas no terreno e os critérios utilizados para as distinguir com a relação entre as classes, no entanto, a classificação da utilização do solo requer, por conseguinte, a definição dos limites das classes, que devem ser claros, precisos e possivelmente quantitativos com base em critérios objectivos. Um esquema de classificação do uso do solo deve, portanto, ser:

- Independente da escala, o que significa que as classes devem ser aplicáveis a qualquer escala ou nível de pormenor e
- Independente da fonte, o que significa que é independente dos meios utilizados para recolher a informação, quer esta seja obtida através de imagens de satélite, fotografia aérea, inquérito no terreno ou utilizando uma combinação de fontes, Herold et' al, (2005).

2.3.2 Desenvolvimento do esquema de classificação do uso do solo

Ao desenvolver uma classificação do uso do solo, existirão sempre problemas quanto ao facto de os dados deverem ser recolhidos de uma fonte primária ou de uma fonte secundária; deve ser encontrado um compromisso entre a necessidade de representar com exatidão a grande variedade de usos, o requisito de simplicidade e exequibilidade, (Best e Capprock 1962). Laka, (1994) afirmou que várias pessoas e organizações tentaram classificar os usos da terra em diferentes bases, mas não existe um critério definido; em vez disso, as classificações são feitas com base nos méritos de cada estudo.

Num esforço para melhorar esta situação, o Serviço Geológico dos Estados Unidos (USGS) desenvolveu um sistema normalizado para classificar os dados relativos à utilização do solo utilizando técnicas de teledeteção (quadro 1); o sistema foi desenvolvido para satisfazer os seguintes critérios

- O nível mínimo de interpretação na identificação de utilizações do solo a partir de dados de teledeteção deve ser de, pelo menos, 85%.
- A precisão da interpretação para as várias categorias deve ser igual.
- Devem ser obtidos resultados repetíveis ou repetitivos de um intérprete para outro.
- A classificação deve ser aplicada em áreas extensas.
- O sistema de classificação deve ser adequado para utilização com dados obtidos por teledeteção

para duas ou mais épocas diferentes.

- A agregação de categorias deve ser possível.
- Deve ser possível a comparação com os dados relativos às futuras utilizações do solo.
- A utilização múltipla das terras deve ser reconhecida sempre que possível.

QUADRO 1: ESQUEMA DE CLASSIFICAÇÃO DA USGS.

NÍVEL 1	NÍVEL 2
Terrenos urbanos ou urbanizados	Residencial, comercial, serviços, industrial, transportes, comunicações, complexos industriais e comerciais, terrenos mistos urbanos e urbanizados, outros terrenos urbanos ou urbanizados.
Terras agrícolas	Culturas e pastagens pomares, pomares, vinhas, etc. alimentação confinada, operações e outras terras agrícolas.
Pastagens	Arbustos herbáceos de pastagens, pastagens com arbustos e pastagens mistas.
Florestas	Florestas de folha caduca, florestas de folha perene, florestas mistas.
Água	Cursos de água e canais, lagos, reservatórios, baías e estuários.
Zona húmida	Zona húmida com floresta, zona húmida sem floresta.
Terra nua	Salinas secas, praias, zonas arenosas que não sejam praias, rochas nuas expostas, minas de liofilização, pedreiras e cascalheiras, zonas de transição, terrenos nus mistos.
Tundra	Tundra arbustiva e de arbustos, tundra herbácea, tundra de zonas húmidas, tundra húmida, tundra mista.
Neve perene gelo	Campos de neve perenes glaciares.

Foi com base nos critérios acima referidos que a USGS elaborou uma classificação de nove (9) níveis, apresentada na tabela 1.

Essin (1980), no seu estudo sobre o ambiente construído nos países em vias de desenvolvimento, desenvolveu uma classificação que, segundo ele, pode ser construída com base em vários princípios, tais como: morfológico, genético, temporal, espacial, quantitativo, etc., mas que todos devem seguir certas leis gerais inalteráveis da lógica. Para além disso, sugeriu que qualquer classificação deveria ser exclusiva e organizada em divisões e subdivisões lógicas. Quadro 2

Koladade, (1992), na sua tese sobre a taxa de perda de terras agrícolas para utilizações não agrícolas, formulou uma classificação de sete categorias que é a seguinte: - Agrícola, residencial, comercial, industrial, transportes, instituições e a (7th) sétima, que representa outras categorias de utilizações das terras.

QUADRO 2: ESQUEMA DE CLASSIFICAÇÃO DA USGS.

PRIMEIRO NÍVEL	SEGUNDO NÍVEL	TERCEIRO NÍVEL
Residencial	Habitação, não-habitação, novo desenvolvimento	Zona habitacional H/densidade, zona habitacional M/densidade, zona habitacional L/densidade. N/condomínio H/densidade, N/condomínio M/densidade, N/condomínio L/densidade. Desenvolvimentos urbanos/N, reabilitações urbanas.
Comercial	Mercado aberto, supermercado, zona comercial central e oficina.	Mercados, lojas, lojas de esquina, habitações comerciais, oficinas de veículos.
Industrial	Indústrias extractivas, indústrias de transformação, indústrias transformadoras.	Industrial, N/desenvolvimento, reconversão industrial.
Transporte	Estradas/rodovias, caminhos-de-ferro, portos, aeroporto.	
Utilidades e serviços	Linha de transporte de eletricidade, estação de gasolina/gás e estação de telecomunicações ou rádio.	
Instituição	Estruturas escolares, prisão, igreja, mesquita, quartel, museu, estádio, parques.	Câmara Municipal

(7) Sete, indicando outros: - (rochas nuas, terrenos baldios, cursos de água), etc.

Por conseguinte, para resolver o problema neste estudo, o investigador decidiu adotar a classificação de Koladade, que não alargaria o âmbito do estudo.

2.4 ANÁLISE DA ALTERAÇÃO DOS USOS DO SOLO

Compreender as mudanças no uso do solo é mais do que simplesmente olhar para a área total de certos usos do solo que apareceram ou desapareceram. Também a mudança na estrutura e as razões subjacentes a essa mudança são importantes. É o quadro completo dos diferentes elementos que permite compreender as alterações na utilização dos solos. A análise digital da alteração da utilização do solo é o processo que ajuda a determinar as alterações associadas à utilização do solo e às suas propriedades com referência a dados multitemporais de teledeteção. Ajuda a identificar alterações entre duas (ou mais) datas que não se caracterizam por uma variação normal. A análise da alteração do uso do solo é útil em muitas aplicações, tais como: Mudanças no uso da terra, fragmentação de habitats, taxa de desmatamento, expansão urbana, mudanças costeiras e outras mudanças cumulativas através de técnicas de análise espacial e temporal como SIG (Sistema de Informação Geográfica) e Sensoriamento Remoto juntamente com técnicas de processamento digital de imagens (Ramachandra & Uttam, 2004).

2.4.1 Metodologias de Análise da Mudança.

Os investigadores envolvidos em estudos de deteção de alterações utilizando dados de imagens de satélite conceberam uma grande variedade de metodologias para identificar alterações ambientais. Mas, (1998), afirmou que os procedimentos de deteção de alterações podem ser agrupados em três grandes rubricas caracterizadas pelos procedimentos de transformação de dados e pelas técnicas de análise utilizadas para delimitar áreas de alterações significativas:

- Melhoria de imagem,
- Classificação de dados multi-data e
- Comparação de duas classificações independentes de uso do solo.

No entanto, a cartografia da utilização dos solos foi efectuada segundo duas abordagens diferentes e, em grande medida, produziu os mesmos resultados. As duas abordagens são: -

- Inquérito de campo convencional e
- Deteção remota e SIG

2.4.2 Modelos de Análise de Alterações (Detecções)

O dicionário inglês (2014) define um modelo como uma representação simplificada de um objeto físico, geralmente de tamanho, forma ou escala reduzida, que é utilizada para explicar o funcionamento de um sistema ou de acontecimentos do mundo real. São construídos modelos de alterações do uso do solo, que também são ferramentas utilizadas para apoiar a análise das causas e consequências das alterações do uso do solo, a fim de compreender melhor o funcionamento do sistema de uso do solo e apoiar o planeamento, a gestão e a aplicação de políticas de uso do solo. Os modelos são úteis para desembaraçar o complexo conjunto de forças socioeconómicas e biofísicas que influenciam a taxa e os padrões espaciais da alteração do uso do solo e para estimar os impactos das alterações no uso do solo. Além disso, os modelos podem apoiar a exploração de futuros modelos de utilização dos solos e também apoiar a exploração de futuras alterações da utilização dos solos em diferentes cenários ou condições. Em suma, os modelos de utilização dos solos são ferramentas úteis e reproduzíveis, que complementam as nossas capacidades mentais actuais para analisar as alterações da utilização dos solos e tomar decisões mais informadas (Peter, 2004).

2.5 ESTUDOS DE UTILIZAÇÃO DOS SOLOS.

Dynamics of land use change in the Tropical Region, de Lambin et al, (2003), destaca a complexidade das mudanças no uso da terra e propõe um quadro para uma compreensão mais geral da questão, com ênfase nas regiões tropicais. A revisão resume as estimativas recentes sobre as alterações nas terras cultivadas, a intensificação da agricultura, as desflorestações tropicais, a expansão das pastagens e a urbanização, e identifica as alterações ainda não medidas no uso da terra. Mostrou que as alterações da ocupação do solo provocadas pelo clima interagem com as alterações da utilização do solo; além disso, as alterações da utilização do solo são provocadas por combinações de factores sinergéticos de escassez de recursos que conduzem a um aumento da pressão sobre os recursos, alterando as oportunidades criadas pelos mercados, a intervenção política externa, a perda de capacidade de adaptação e as alterações na organização social e nas atitudes. Shlomo et al. (2005), Washington D.C., examinaram a dinâmica da expansão urbana global, definindo um novo universo de 3 943 cidades com uma população superior a 100 000 habitantes e selecionando uma amostra global estratificada de 120 cidades desse universo. Foram obtidos e analisados dados populacionais e imagens de satélite relativos a dois períodos de tempo com uma década de intervalo, tendo sido calculadas várias medidas de extensão e expansão urbana, nomeadamente a área construída das cidades e a densidade média da área construída. No relatório, foram apresentados e analisados dados relativos a 90 cidades de uma amostra global de 120. As médias ponderadas da área construída e da densidade média, bem como as medidas de compacidade e contiguidade e as suas alterações ao longo do tempo são apresentadas para nove regiões, quatro grupos de rendimento e quatro grupos de dimensão das cidades, abrangendo todo o globo. Verificou-se que as densidades nas cidades dos países em desenvolvimento são cerca de três vezes superiores às densidades nas cidades dos países industrializados e que as densidades em todas as regiões estão a diminuir ao longo do tempo. Se as densidades médias continuarem a diminuir à taxa anual de 1,7% - como aconteceu durante a última década -, a área construída das cidades dos países em desenvolvimento aumentará de 200 000 km^2 em 2000 para mais de 600 000 km^2 em 2030, enquanto a sua população duplicará. Foram construídos dez modelos econométricos que procuraram explicar a variação da extensão e expansão urbanas no universo das cidades e foram testadas várias hipóteses postuladas pelas teorias neoclássicas da estrutura espacial urbana. Todos os modelos testados apresentam valores de R2 superiores a 0,80. As implicações políticas da análise são apresentadas e discutidas. A mensagem central do estudo é bastante clara: as cidades dos países em desenvolvimento devem ter planos realistas, mas mínimos, para a expansão urbana, designando áreas adequadas para acomodar a expansão projectada, investindo sensatamente em infra-estruturas básicas de base para servir esta expansão e protegendo os terrenos sensíveis da incursão de novos empreendimentos urbanos. Opeyemi (2006), na sua investigação, examinou a deteção de alterações na utilização e cobertura do solo utilizando a teledeteção e o SIG (um estudo de caso de Ilorin e seus arredores, no Estado de Kwara), a utilização da teledeteção e do SIG na cartografia da utilização do solo.

A cobertura do solo em Ilorin entre 1972 e 2001 foi estudada de modo a detetar as alterações que ocorreram no seu estado durante este período. Posteriormente, tentou fazer uma projeção da utilização/cobertura do solo observada nos 14 anos seguintes. Para o efeito, foram introduzidos a Taxa de Consumo de Terra e o Coeficiente de Absorção de Terra para ajudar na avaliação quantitativa da mudança. O resultado do trabalho mostra um rápido crescimento da terra construída entre 1972 e 1986, enquanto os períodos entre 1986 e 2001 testemunharam uma redução nesta classe. Observou-se também que, provavelmente, a evolução até 2015 poderá seguir a tendência registada em 1986/2001. Por conseguinte, no final do seu trabalho, foram feitas sugestões sobre as formas de utilizar da melhor maneira a informação nele contida.

Laka, (1994), na sua investigação, examinou as mudanças na utilização dos solos na cidade de Bukuru entre 1976-1992. Foram utilizadas fotografias aéreas e mapas tipográficos, juntamente com instrumentos como o estereoscópio de espelho e o estereoscópio de mão, para recolher informações sobre a utilização da terra na área e também para verificar as mudanças que tinham ocorrido na cidade de Bukuru. Foram utilizados dois conjuntos de fotografias aéreas, as de 1976 e as de 1992, com escalas de 2:10.000 e 1:8000, respetivamente. Posteriormente, a partir das fotografias aéreas, ele reproduziu mapas de base para as classes de uso do solo de cada ano em papel transparente e passou a sobrepor os mapas de base uns aos outros para produzir um mapa de mudança de uso do solo para o período. Os limites da área de estudo foram mantidos fixos em 14,9 km^2 durante os dois anos. Para tal, os seus resultados e conclusões mostram que as percentagens de perda de usos agrícolas foram progressivamente elevadas entre 1976 e 1992, com 48,77% e 33,44%, respetivamente, em comparação com todos os outros usos, enquanto as áreas residenciais registaram uma expansão de 3,7 vezes a sua cobertura inicial em 1976, de 95,45 para 359,8 hectares em 1992. No entanto, em 1976 assistiu-se a um aumento das actividades socioeconómicas, o que explica uma queda de 15,34% nas utilizações agrícolas em 1992. Por conseguinte, foram feitas sugestões no sentido de: a expansão de terrenos residenciais em terras férteis ou não cultivadas deve ser restringida de modo a que essas terras férteis possam ser conservadas para fins agrícolas (alimentos); devem ser construídas novas estradas e outras devem ser renovadas e alargadas para ajudar a uma ligação adequada dentro da área.

2.6 TÉCNICAS ESTATÍSTICAS

A deteção de alterações é uma aplicação importante da tecnologia de deteção remota. Trata-se de uma tecnologia que determina as alterações de caraterísticas específicas num determinado intervalo de tempo. Fornece a distribuição espacial das caraterísticas, informação qualitativa e quantitativa das alterações das caraterísticas. A análise quantitativa e a identificação das caraterísticas e dos processos de alterações da superfície são efectuadas a partir de diferentes períodos de dados de deteção remota. Envolve o tipo, a distribuição e a quantidade de alterações, ou seja, os tipos de superfície do solo, as alterações dos limites e as tendências antes e depois das alterações (Xu Lu, 2008).

A deteção e a análise da alteração do uso do solo implicam a utilização da aplicação destes métodos e/ou modelos de análise, que incluem: a máxima verosimilhança, a distância mínima, a distância de Mahalanobis, a análise do vetor de alteração (CVA), a taxa de consumo de terra e o coeficiente de absorção, as taxas anuais de alteração, a análise de variantes (ANOVA) e o conceito de sistemas adaptativos complexos e transições, entre outros.

- A máxima verosimilhança é um dos métodos de classificação supervisionada mais populares utilizados com dados de imagens de deteção remota. Este método baseia-se na probabilidade de um pixel pertencer a uma determinada classe. A teoria básica assume que estas probabilidades são iguais para todas as classes e que a banda de entrada tem uma distribuição normal. No entanto, este método requer um longo tempo de cálculo, depende fortemente de uma distribuição normal dos dados em cada banda de entrada e tende a sobreclassificar assinaturas com valores relativamente grandes na matriz de covariância.
- O método da Distância Mínima (distância espetral) calcula a distância espetral entre o vetor de medida do pixel candidato e o vetor médio de cada assinatura, e a equação de classificação pela distância espetral baseia-se na equação da distância euclidiana. Requer o menor tempo de computação entre outros métodos supervisionados, no entanto, os pixéis que não deveriam ser não classificados passam a ser classificados, e não considera a variabilidade das classes.

- A distância de Mahalanobis é semelhante à distância mínima, exceto que é utilizada a matriz covariante. Ao contrário da distância mínima, este método tem em conta a variabilidade das classes. Pode ser mais útil que a distância mínima nos casos em que os critérios estatísticos devem ser levados em conta, mas os fatores de ponderação disponíveis com as opções de Máxima verossimilhança não são necessários. No entanto, este método tende a sobreclassificar as assinaturas com valores relativamente grandes na matriz de covariância.
- Além disso, o seu cálculo é mais lento do que o da distância mínima; e depende fortemente de uma distribuição normal dos dados em cada banda de entrada (Al-Ahmadi & Hames, 2008).
- Taxas de consumo de terras.
- Taxas de variação anuais.
- Anova (análise de variantes).

CAPÍTULO III

MATERIAIS, MÉTODOS E EQUIPAMENTOS

3.1 INTRODUÇÃO

O procedimento adotado neste trabalho de investigação constitui a base para a obtenção de estatísticas sobre a dinâmica e os resultados da alteração da utilização dos solos. Esta investigação centrou-se nas medições quantitativas e qualitativas das alterações da utilização dos solos em Bukuru Jos-South L.G.A. Especificamente, este capítulo aborda os materiais e métodos, os instrumentos de recolha de dados (necessidades e fontes de dados), a codificação, a análise e a apresentação. O método utilizado para atingir o objetivo do projeto e os âmbitos são discutidos neste capítulo.

3.2 NECESSIDADES DE DADOS

Para efeitos deste estudo, é necessário dispor de dados sob a forma de imagens rápidas de aves que cubram a cidade de Bukuru em 2013; para gerar o contexto espacial e a extensão dos vários usos do solo no terreno em 2015. Para o estudo, foi adotado o mapa de uso do solo existente de 1992, gerado por Laka (1994). A verificação no terreno, os questionários bem estruturados e os dados de coordenadas capturados no terreno com um GPS (Sistema de Posicionamento Global) portátil ajudariam a confirmar a mudança exacta e o posicionamento real das actuais utilizações do solo.

3.3 FONTES DE DADOS

Fontes primárias: - São fontes através das quais os dados podem ser captados diretamente pelo investigador, incluindo - observação direta no terreno e registo dos usos actuais da terra e suas coordenadas, respetivamente.

Fontes secundárias: - As fontes secundárias são fontes em que os dados são capturados ou extraídos pelo investigador a partir de documentos de literatura existentes, publicados ou não publicados, e de fontes de arquivo como: - imagens e mapas de satélite de aves rápidas, mudanças no uso da terra na cidade de Bukuru (Laka, 1994), deteção de mudanças no uso/cobertura da terra em Lafia (Nuhu, 2012), deteção de mudanças no uso/cobertura da terra usando dados de deteção remota e SIG em Ilorin (Opeyemi, 2006).

QUADRO 3 FONTES DE DADOS

S/N	TIPO DE DADOS	DATA DE PRODUÇÃO	ESCALA	FONTE
1	MAPA DE UTILIZAÇÃO DO SOLO	1992	1:4.6500 (ESCALA DE VISUALIZAÇÃO)	LAKA, 1994
2	PÁSSARO RÁPIDO IMAGENS	2013	0.6 m	ARQUIVO QUICKBIRD

N/A: Não aplicável

3.4 INSTRUMENTO DE RECOLHA DE DADOS

a) Observação direta no terreno e questionários bem estruturados para 2015.

b) O Sistema de Posicionamento Geográfico (GPS) será utilizado para a recolha de dados de coordenadas geográficas e para a verificação no terreno da zona.

c) Imagens de satélite de aves rápidas impressas para 2013 e mapa de utilização do solo de Bukuru gerado para 1992.

3.5 SOFTWARE E HARDWARE UTILIZADOS

Basicamente, o hardware e o software utilizados para este projeto incluem uma combinação do seguinte: -

- Hardware's

1. HP. Pavilion pc (AMD turion TL-58) com processador de 1.90GHz, 1Gigabyte de RAM e 500 Gigabytes de capacidade de disco rígido. Este foi utilizado para dactilografia e tratamento de imagens
2. Unidade flash de 512 Gigabytes para transferência de dados.
3. Disco rígido externo de 500 Gigabytes para armazenar dados
4. Modem Airtel utilizado para aceder e navegar na Internet

- Software's

1. Sistema de Informação Geográfica Arquitetónica (ArcGIS 9.3) - Foi utilizado para a visualização, digitalização, processamento e análise de dados geográficos.

2. Microsoft Word - foi utilizado basicamente para a apresentação desta investigação.

3. Microsoft Excel - foi utilizado para calcular números (x, y, z), analisar dados, produzir tabelas/gráficos de barras.

3.6 MÉTODOS DE RECOLHA DE DADOS

a) **Para 1992**: - Adoptei e digitalizei um mapa de uso do solo gerado por Laka, 1994 para a cidade de Bukuru. Além disso, converti e geo-referenciei o mapa num mapa digital antes de digitalizar cada uso do solo no meu software.

b) **Para 2015**:- **Utilizei** uma imagem de satélite disponível de 2013 e procedi à verificação no terreno da área de estudo; de modo a mapear as várias utilizações actuais para criar uma base de dados através da digitalização.

- Demarquei manualmente a extensão espacial de cada um dos usos na imagem de satélite impressa e actualizada no terreno; os usos que estavam ausentes nesses mapas, juntamente com os usos mistos (residencial-comercial, residencial-agrícola, residencial-instituição e residencial-abandonado).
- Também distribuí questionários enquanto observava várias utilizações no terreno.

3.7 UTILIZAÇÃO DOS SOLOS ADOPTADA

Com base no conhecimento prévio da área de estudo, no levantamento de reconhecimento e na observação no terreno; com informações adicionais de trabalhos de investigação anteriores sobre a área de estudo e questionários emitidos para 2015, foi desenvolvido um esquema de classificação da área de estudo segundo Anderson et al (1967). O esquema de classificação desenvolvido dá uma classificação bastante ampla onde os usos do solo foram identificados por dígitos únicos.

TABELA 4 ESQUEMA DE CLASSIFICAÇÃO DE USO DO SOLO DA USGS

Adotado após Anderson, (1976)

O esquema de classificação apresentado no quadro 4 é uma modificação do esquema de Anderson de 1967. A definição de usos mistos no segundo nível, tal como utilizada neste trabalho, denota residencial-

CÓDIGO	**CATEGORIAS DE USO DO SOLO**	
	NÍVEL 1	**NÍVEL 2** (UTILIZAÇÕES MISTAS)
1	RESIDENCIAL	RESIDENCIAL-COMERCIAL
2	COMERCIAL	RESIDENCIAL-AGRÍCOLA
3	INSTITUIÇÃO	INSTITUIÇÃO RESIDENCIAL
4	TRANSPORTE	RESIDENCIAL-ABANDONADO
5	INDÚSTRIAS	
6	AGRICULTURA	
7	OUTROS(ESPAÇO ABERTO-FORA CULTURAS-CORPOS DE ÁGUA)	

comercial, residencial-agrícola e residencial-abandonado, basicamente devido à crise na área de estudo.

3.8 MODELO CARTOGRÁFICO

O modelo cartográfico adotado neste trabalho de investigação constitui a base para a obtenção de estatísticas sobre a alteração do uso do solo nos resultados globais.

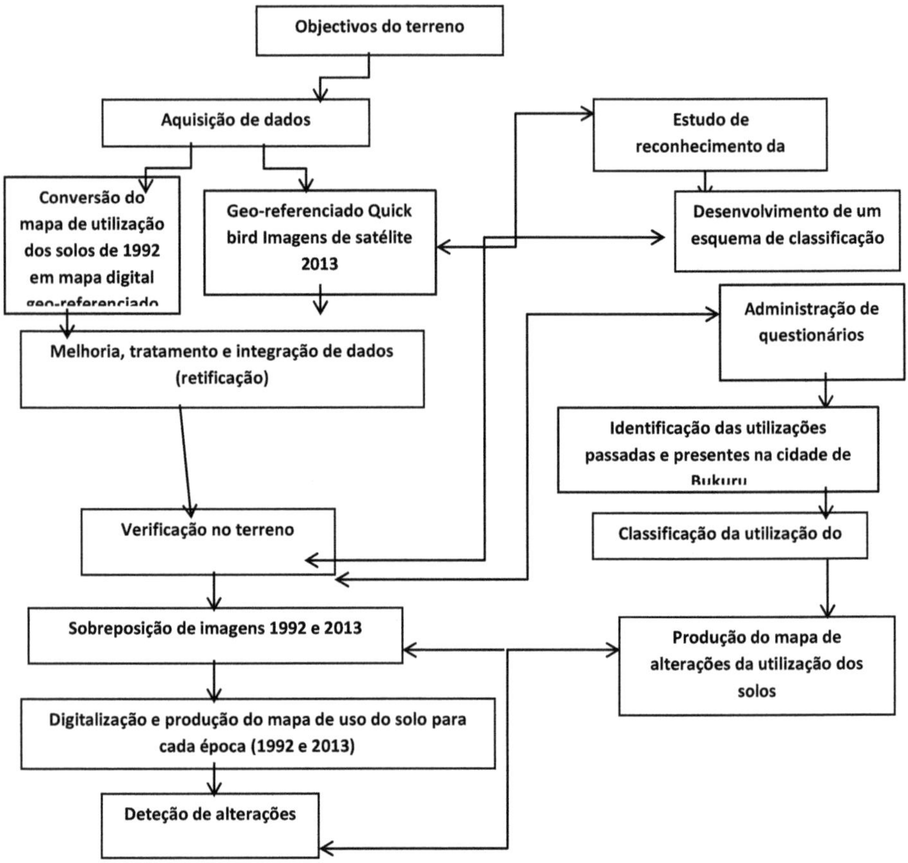

FONTE: Herold et'al, (2005).

3.9 LIMITAÇÃO(ÕES) DO ESTUDO

Para determinar os tipos de uso do solo e as suas mudanças ao longo do tempo na área de estudo, foi utilizado o mapa de uso do solo de 1992, gerado por Laka, 1994, e uma imagem de satélite de aves rápida de 2013. No entanto, foram encontrados alguns problemas, nomeadamente -

As imagens de satélite actuais necessárias para o estudo ao nível dois não estavam imediatamente disponíveis. Por conseguinte, foi difícil determinar a utilização exacta de uma parcela de terreno em 2015, tal como observado no mapa e nas imagens de satélite de 2013. Na mesma ordem de ideias, havia também o problema de determinar que casa era utilizada para fins residenciais ou comerciais. Houve também o problema de apresentar uma nova classificação dos usos do solo, uma vez que o trabalho de campo (ground-truthing) revelou que a maior parte das parcelas residenciais era utilizada para múltiplos fins, enquanto algumas parcelas foram abandonadas devido à mudança de estatuto da área de estudo. Assim, as utilizações actuais do solo foram determinadas através de observações diretas no terreno (levantamento de reconhecimento), da captação de pontos de coordenadas utilizando um GPS (sistema de posicionamento geográfico) portátil e de questionários bem estruturados.

3.10 MÉTODO DE APRESENTAÇÃO E ANÁLISE DOS DADOS

1. Digitalização do mapa de uso do solo convertido de 1992 e de imagens de satélite de 2013.
2. Cálculo da área em metros quadrados e da percentagem do tipo de utilização do solo resultante para cada ano de estudo e posterior comparação dos resultados.
3. Cálculo da taxa de alteração da utilização do solo, taxa de alteração anual e percentagem de 1992-2015.
4. Tabelas, barras, gráficos e esquemas de mapas.

3.10.1 Cálculo da variação

A comparação das estatísticas de mudança de uso do solo ajudou a identificar a variação percentual e a taxa de 1992-2015. Assim, para o conseguir, foi primeiro desenvolvida uma tabela para mostrar a área em metros quadrados e a variação percentual para cada ano medida em relação a cada tipo de uso do solo.

$$\text{(Tendência) Variação percentual} = \frac{\text{Observed change}}{\text{Sum of changes}} \times 100\text{---------} \text{ equação (1).}$$

Para obter a taxa de alteração do uso do solo e a taxa anual de alteração de 1992-2015, utiliza-se a fórmula: - área total de terra alterada dividida pela diferença entre anos (23 anos) é usada, ou seja -

$$\text{Taxa de variação anual} = \frac{\text{total land area changed}}{\text{difference between years}}\text{-------------- equação (2).}$$

CAPÍTULO QUATRO

APRESENTAÇÃO E ANÁLISE DOS DADOS

4.1 INTRODUÇÃO

O objetivo deste estudo constitui a base de todas as análises efectuadas. Esta parte da investigação tem como principal objetivo fornecer uma descrição concisa das observações feitas durante o trabalho de investigação; também apresentará resultados e análises sob a forma de mapas, gráficos e quadros estatísticos que explicam as diferentes categorias de usos do solo observados durante o trabalho, incluindo: usos do solo estáticos e alterados em diferentes épocas.

4.2 DISTRIBUIÇÃO DO USO DO SOLO

A Figura 4 mostra a distribuição do uso do solo na área de estudo para 1992, conforme adotado de Laka, (1994). Foram apresentadas sete (7) categorias de usos do solo e a sua respectiva cobertura de área foi regenerada utilizando o software Arc GIS 9.3. A distribuição do uso do solo para 1992 é apresentada no quadro 3.

QUADRO 3: DISTRIBUIÇÃO DO USO DO TERRENO (1992 e 2015).

S/N	USOS DO SOLO	1992 Área (m)^2	Área 2015 (m)^2
1	Agricultura	54148.10	39726.44
2	Comercial	2036.75	11533.69
3	Indústrias	1418.94	6953.30
4	Institucional	1123.83	8040.63
5	Outros	20681.18	2490.43
6	Residencial	21867.57	26760.03
7	Transporte	114.55	677.74
8	Utilizações mistas	0000.00	5208.88
	SUPERFÍCIE TERRESTRE TOTAL	**101390.92**	**101391.13**

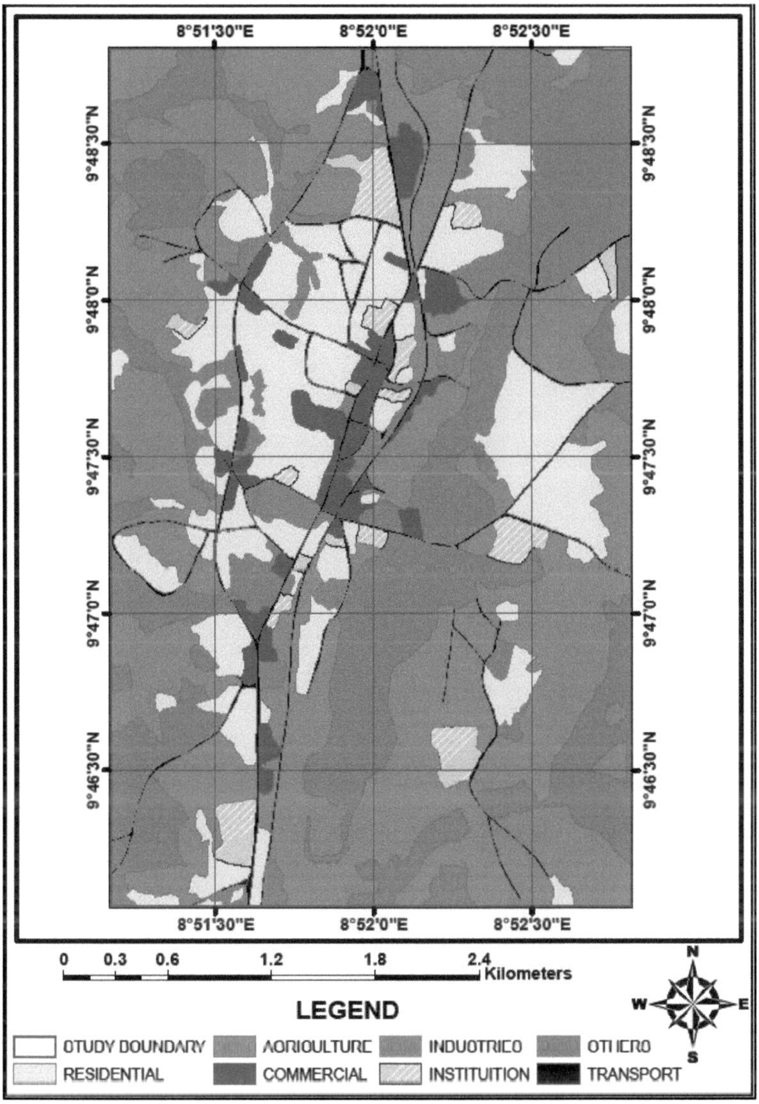

Adotado de LAKA (1994)

Figura 4: MAPA DE USO DO TERRENO DE BUKURU DE 1992.

A Figura 5 apresenta o mapa de uso do solo da cidade de Bukuru para o ano de 2015. Para este ano de estudo foram identificadas oito (8) categorias de uso do solo. A oitava (8th), sendo uma categoria de usos mistos. A cobertura da área correspondente gerada também é apresentada na tabela 3.

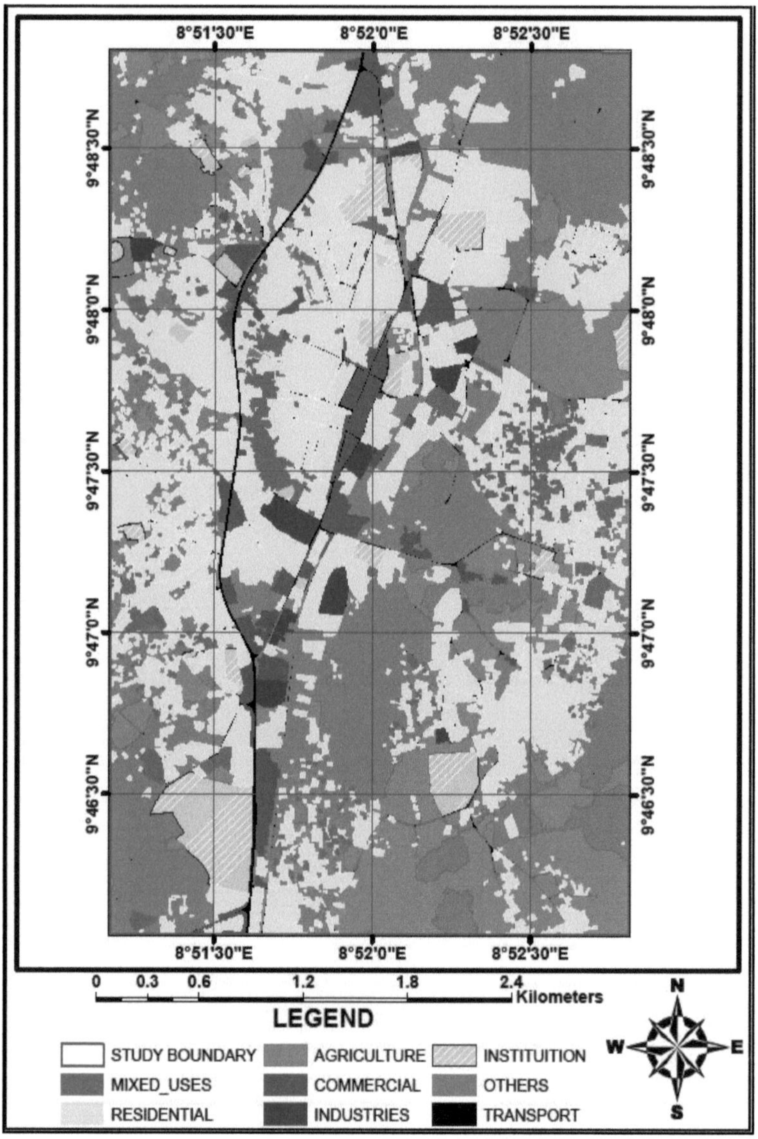

Fonte: Gerado a partir de imagem de satélite de 2013 e atualizado no terreno

Figura 5: MAPA DE USO DO TERRENO DE 2015 DE BUKURU.

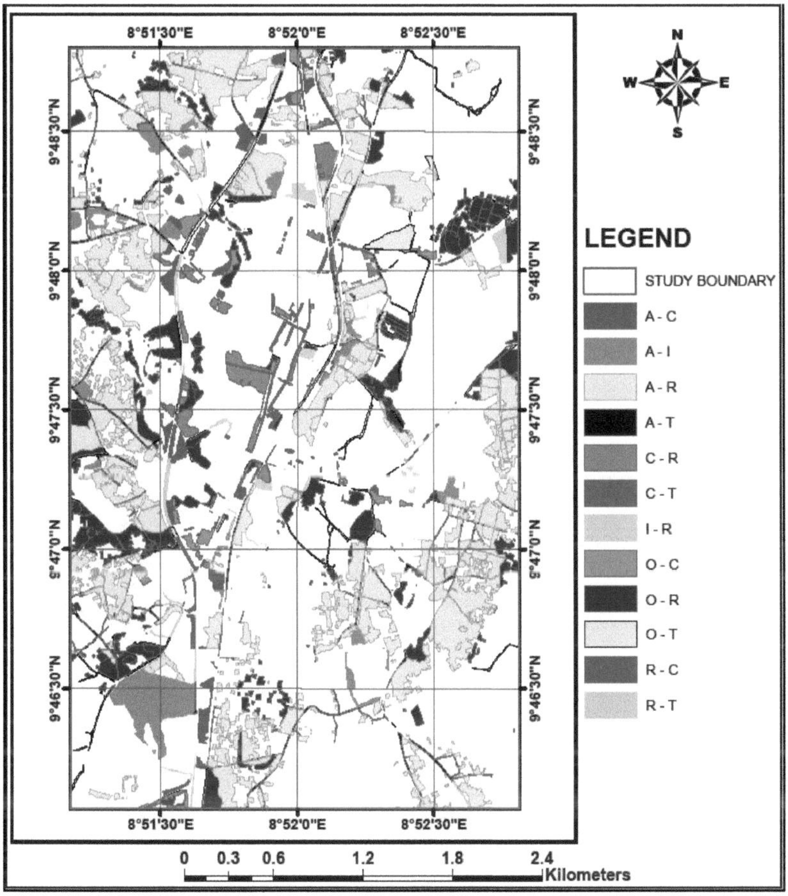

Fonte: Gerado a partir de imagem de satélite de 2013 e atualizado no terreno

Figura 6: MAPA DE MUDANÇA DE USO DA TERRA EM BUKURU ENTRE 1992 e 2015

4.3 ANÁLISE DA ALTERAÇÃO DO USO DO SOLO

A análise efectuada na tabela 3 para determinar quais os usos da terra que mudaram ao longo dos anos de estudo revela mudanças negativas e positivas no consumo da terra (tabela 4). A cobertura da área em percentagem (%), tal como representada em relação a cada ano de estudo, revela as tendências de mudança das utilizações da terra (Figura 6).

QUADRO 4: DISTRIBUIÇÃO DO USO DO SOLO E VARIAÇÃO PERCENTUAL DO USO DO SOLO 1992-2015

S/N	CLASSES	1992 ÁREA (M)^2	%	2015 ÁREA (M)^2	%	2015 - 1992 (M)^2	SUPERFÍCIE TERRESTRE TOTAL ALTERADA	% DA VARIAÇÃO DA ÁREA TOTAL	TAXA DE VARIAÇÃO POR ANO
1	AGRICULTURA	54148.10	53.41	39726.44	39.18	-14421.66	14421.66	-22	627.0
2	COMERCIAL	2036.75	2.01	11533.69	11.38	9496.94	9496.94	15	412.9
3	INDÚSTRIAS	1418.94	1.40	6953.30	6.86	5534.36	5534.36	8	240.6
4	INSTITUIÇÃO	1123.83	1.11	8040.63	7.93	6916.80	6916.8	11	300.7
5	OUTROS	20681.18	20.40	2490.43	2.46	-18190.76	18190.76	-28	790.9
6	RESIDENCIAL	21867.57	21.57	26760.03	26.39	4892.46	4892.46	8	212.7
7	TRANSPORTE	114.55	0.11	677.74	0.67	563.19	563.19	1	24.5
8	UTILIZAÇÕES MISTAS	0000.00	0.00	5208.88	5.14	5208.88	5208.88	8	226.5
	SUPERFÍCIE TERRESTRE TOTAL	**101390.92**	**100**	**101391.13**	**100**	**0.21**	**65,225.05**	**100**	**2835.9**

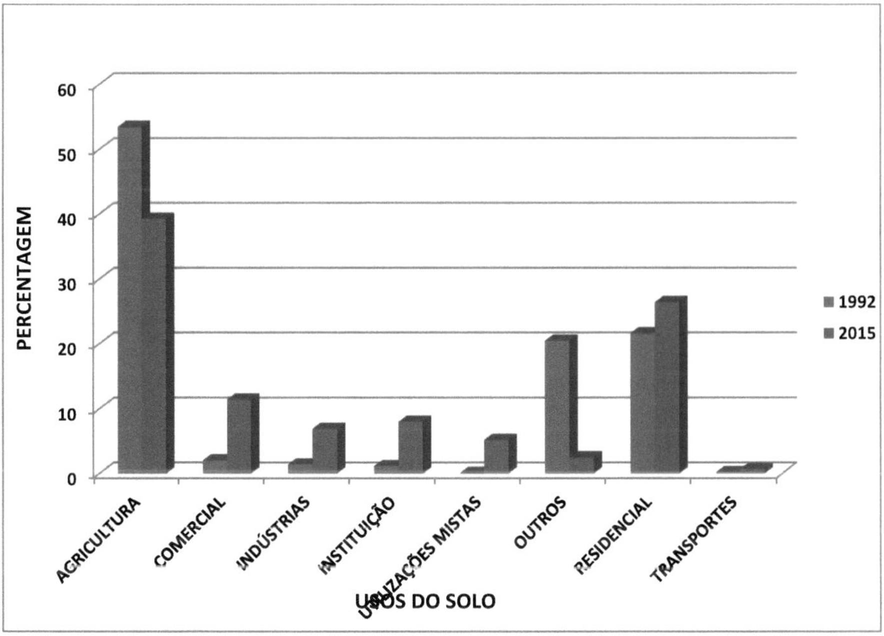

Figura 7: 1992 e 2015 CATEGORIA DE USO DO TERRENO DA CIDADE DE BUKURU

A Tabela 4 apresenta a análise da mudança nos usos do solo entre os diferentes anos de estudo. Revelou que os outros (espaço aberto/cultivo/corpos de água) e as terras agrícolas são os principais perdedores de terra, enquanto a habitação é o principal ganhador (Fig. 8).

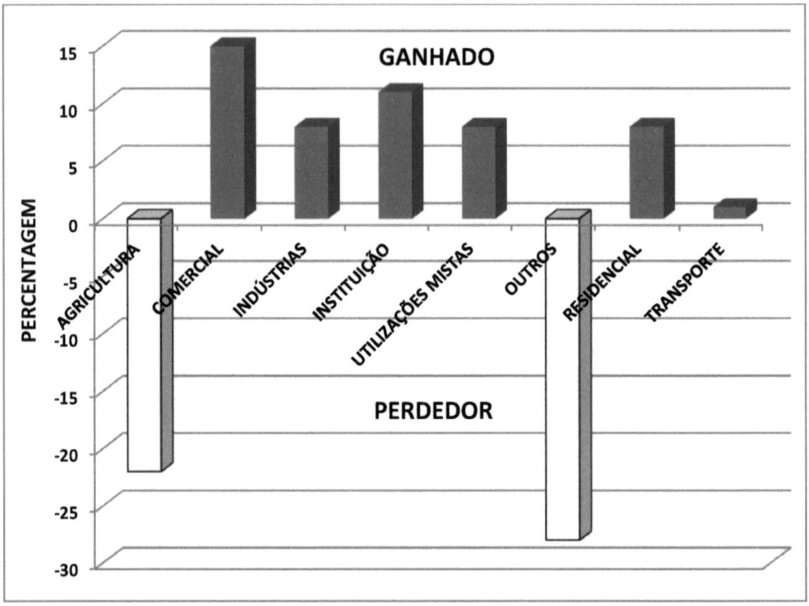

Figura 8: Variação negativa e positiva do consumo de terras (2015-1992)

4.4 UTILIZAÇÕES MISTAS

A partir da tabela 3, a oitava categoria de uso do solo, que é o uso misto, não foi identificada em 1992, mas é muito visível em 2015. Cobriu uma área total de 5208,88 metros quadrados. As variações nos usos mistos são: residencial abandonado, residencial agrícola, residencial comercial e residencial institucional com cobertura de uso do solo de 555,61, 2564,13, 1506,36 e 582,77 metros quadrados, respetivamente.

QUADRO 5: PERCENTAGEM DE DISTRIBUIÇÃO DAS UTILIZAÇÕES MISTAS EM 2015

S/N	UTILIZAÇÕES MISTAS	ÁREA TOTAL 2015 $(m)^2$	%
1	Residencial Abandonado	555.61	10.67
2	Agricultura residencial	2564.13	49.23
3	Residencial Comercial	1506.36	28.92
4	Instituição residencial	582.77	11.19
SUPERFÍCIE TERRESTRE TOTAL		**5208.88**	**100**

4.5 RESUMO DOS DADOS DO QUESTIONÁRIO

4.5.1 Habilitações literárias dos inquiridos

Foram administrados questionários a um total de 120 inquiridos na cidade de Bukuru. A distribuição dos inquiridos de acordo com a sua formação académica revelou que 110 (91,7%) dos inquiridos têm educação formal, enquanto 10 (8,3%) têm educação informal, como mostra o quadro 5.

QUADRO 5: FORMAÇÃO ACADÉMICA

Formação académica	Não.	(%)
FORMAL	110	91.7%
INFORMAL	10	8.3%
TOTAL	**120**	**100%**

4.5.2 Grupo étnico

O grupo étnico dos inquiridos revelou que 81 (67,5%) do total dos inquiridos eram indígenas do estado em estudo (Plateau), enquanto 39 (32,5%) revelaram o contrário (quadro 6)

QUADRO 6: GRUPO ÉTNICO (INDIGENISMO)

ETNICIDADE	NÃO.	%
INDÍGENAS	81	67.5%
NÃO-INDÍGENAS	39	32.5%
TOTAL	**120**	**100%**

4.5.3 Estatuto de propriedade

Um resumo das questões colocadas sobre o estatuto de proprietário revelou na tabela 7 que; de um total de 120 inquiridos, 25 (20,8%) eram proprietários das propriedades a que responderam, enquanto 95 (79,2%) não eram proprietários das propriedades.

Quadro 7: PROPRIEDADE DE IMÓVEIS

ESTATUTO DE PROPRIEDADE	NÃO.	(%)
PROPRIEDADE PRIVADA	25	20.8%
NÃO PROPRIEDADE	95	79.2%
TOTAL	**120**	**100%**

4.5.4 Duração da ocupação

A duração da ocupação (tabela 8), tal como foi extraída do questionário, revelou que 15 (12,5%) dos inquiridos ocuparam as suas propriedades antes do ano de 1992, 17 (14,2%) ocuparam-nas entre os anos 1992-2005 e 88 (73,3%) ocuparam as propriedades entre os anos 2005-2015.

QUADRO 8: DURAÇÃO DA OCUPAÇÃO DO IMÓVEL

DURAÇÃO	NÃO	(%)
ANTES DE 1992	15	12.5%
1992-2005	17	14.2%
2005-2013	88	73.3%
TOTAL	**120**	**100%**

4.5.5 Factores responsáveis pelas mudanças na utilização do solo

O questionário revelou que os factores responsáveis pelas mudanças no uso da terra incluem: - Mudança na política governamental sobre terra/uso de terra, alta demanda de categoria de uso, mudança no status da cidade de Bukuru e disponibilidade de instalações como estradas, água e eletricidade (Tabela 9).

QUADRO 9: FACTORES RESPONSÁVEIS PELA MUDANÇA

S/N	FACTORES RESPONSÁVEIS	NÃO.
1	Alteração da política governamental em matéria de terras/utilização das terras	4
2	Elevada Procura de categoria de utilização	15
3	Alteração do estatuto da cidade de Bukuru	9
4	Disponibilidade de instalações como estradas, água e eletricidade, etc.	15
5	Sem resposta	77
	TOTAL	**120**

4.5.6 Impacto da mudança

O impacto da alteração do valor monetário na propriedade, tal como deduzido do campo, é apresentado na tabela 10, com 113 (94,2%) dos inquiridos a concordarem com um aumento do valor, 2 (1,7%) a concordarem com a ausência de valor e 5 (4,2%) dos inquiridos a acreditarem que o impacto da alteração é uma diminuição do valor.

QUADRO 10: IMPACTO DA ALTERAÇÃO DO VALOR MONETÁRIO

S/N	IMPACTO DA MUDANÇA	Não.	(%)
1	VALOR ACRESCIDO	113	94.2%
2	VALOR REDUZIDO	5	4.2%
3	SEM IMPACTO	2	1.7%
	TOTAL	**120**	**100%**

4.6 TAXA DE ALTERAÇÃO DO USO DO SOLO

As taxas de alteração do uso do solo foram calculadas com base nos dados do quadro 4, utilizando a fórmula da equação (2).

$$\text{Taxa de variaçao anual} = \frac{\text{total land area changed}}{\text{difference between years}} \quad \ldots\ldots\ldots\ldots 2$$

$$\text{Taxa de variação anual de 1992-2015} = \frac{65{,}225.05}{23 years} = 2.835{,}9 \text{ metros quadrados/ano}$$

A partir do cálculo acima, é evidente que 2.835,9 metros quadrados de usos do solo mudaram anualmente no período de 23 anos (1992-2015) na cidade de Bukuru.

CAPÍTULO CINCO

DEBATES, RECOMENDAÇÕES E CONCLUSÕES

Este capítulo discute as conclusões e os resultados da análise efectuada no capítulo quatro. Foram feitas sugestões/recomendações e tentou-se fazer um resumo da investigação.

5.1 DISCUSSÃO

A análise espacial dos usos do solo entre as duas épocas de 1992-2015, revelou que a área agrícola (39726,44 metros quadrados) e outros (espaço aberto/Outcrop/Corpos de água, 2490,43 metros quadrados) como perdedores na cobertura do solo com -22% e -28%, respetivamente. Os ganhos na cobertura do solo são: - Comercial (15%), Indústrias (8%), Instituições (11%), Residencial (8%), Transporte (1%) e usos mistos (8%) que agora possuem uma proporção considerável de terra de 11533,69, 6953,30, 8040,63, 26760,03, 677,74 e 5208,88 metros quadrados, respetivamente; foi progressivamente ganho ou perdido da agricultura e outras terras disponíveis (espaço aberto / culturas externas / corpos d'água) na região no período de 1992-2015 (fig.8).A mudança percentual na proporção de várias parcelas de uso da terra nos dois períodos (1992-2015) mostra mudanças positivas e negativas. Os usos comerciais, industriais, institucionais, residenciais, de transporte e mistos mudaram positivamente, ganhando mais proporção de terra, enquanto os usos agrícolas e outros (espaço aberto/outro cultivo/corpos de água) mudaram negativamente, perdendo terra para outros usos acima a uma taxa muito rápida do que seus ganhos. Assim, as tendências proporcionais de mudança para a área estão representadas no mapa de mudança de uso do solo (fig.6).

O aumento significativo e rápido observado nas áreas residenciais entre as épocas de 1992 e 2015 pode ser controlado pela pressão crescente da população na área (fig.7), que por sua vez levou a um aumento das actividades físicas e económicas nas terras disponíveis para a agricultura e nas terras não utilizadas em espaços abertos, mas muito provavelmente; a disponibilidade, o desenvolvimento e o fornecimento de instalações para incluir: - estradas de acesso, água, eletricidade, instituições, bancos e também a mudança de estatuto da cidade de Bukuru devido à crise; podem ter, em certa medida, contribuído para essas mudanças. Assim, a maior parte das terras cultivadas e outras terras disponíveis não utilizadas foram agora ocupadas por edifícios que são basicamente residenciais. A expansão mais recente da cobertura de terras para fins residenciais (fig. 5) foi determinada pela sua acessibilidade às redes de transportes rodoviários. Isto explica a expansão radial das áreas residenciais do centro da cidade para as franjas norte, sul, leste e oeste da principal via rápida da região, onde as actividades comerciais (CBD) tendem a ser dominantes (fig. 5). A tendência crescente observada nas zonas residenciais mostra claramente que as terras residenciais, que inicialmente eram povoações agrícolas e antigos campos de mineração, se expandiram gradualmente ao longo dos anos para reivindicar terras agrícolas de primeira qualidade e outras (espaço aberto/explorações agrícolas/corpos de água) (fig. 6). Esta expansão gradual e as actividades de desenvolvimento ao longo dos anos (1992-2015), aumentaram e continuam a aumentar rapidamente para 1,46 vezes a sua cobertura inicial em 1992, de 21867,57 para 31968,91 metros quadrados na área total em 2015. Na mesma linha, a construção está a deslocar gradualmente outras utilizações do solo, sobretudo as zonas agrícolas e outras (espaços abertos/outro tipo de culturas/corpos de água). O decréscimo maciço observado noutras categorias de usos do solo, incluindo outros (espaço aberto/cultivo/corpos de água) em 2015, pode ser o resultado da recente construção e desenvolvimento de estradas de acesso entre os anos 2008-2015 e outras actividades de desenvolvimento, incluindo edifícios residenciais e comerciais.

As zonas comerciais em 1992 estavam basicamente nucleadas na parte central da cidade, formando um distrito comercial central (CBD). Com o aumento da população e das actividades comerciais, há um aumento proporcional do terreno necessário para fins comerciais e administrativos, pelo que este aumento foi 5,66 vezes superior ao seu valor inicial em 1992, passando de uma cobertura de 2,01% para 11,38% de cobertura do terreno; antes de 1992, o comércio nas áreas de mercado incluía - venda a retalho de produtos agrícolas e mercearias. Atualmente, a área comercial estende-se radialmente para fora do centro da cidade de Bukuru, com muitas extensões e mercados como o mercado Gyel e o aparecimento de outros centros comerciais, incluindo -lojas de aprovisionamento, oficinas mecânicas para a reparação de veículos, automóveis, motos, bicicletas, reparações domésticas, restaurantes locais, lanchonetes, hotéis e parques de autocarros. Na mesma linha, o aumento dos usos institucionais na cidade de Bukuru sofreu uma mudança positiva ao reivindicar uma maior proporção de terras com um aumento de 1,11% do seu valor inicial em 1992 para 7,93% em 2015, portanto, isso pode ser atribuído ao facto de a cidade de Bukuru ter sido usada por muitos para fins residenciais; portanto, as instalações institucionais devem ser fornecidas para incluir: - principalmente creches, escolas primárias e escolas secundárias. Progressivamente, com o decorrer do ano, outras instituições terciárias e religiosas, como os Institutos Bíblicos Cristãos, foram instaladas, como resultado da diversidade confessional na cidade e no estado como um todo.

As percentagens mais baixas de 1,40% e 6,86% para 1992 e 2015, respetivamente, podem ser atribuídas a um ligeiro aumento das utilizações industriais situadas na periferia da cidade, que não está incluída na área de estudo. As poucas indústrias identificadas podem ser identificadas como estando nos seus locais desde antes de 1992, tendo a sua cobertura do solo expandido um pouco ao longo dos anos. Estas indústrias são indústrias ligeiras ou de fabrico, incluindo -Companhia de Fornecimento de Eletricidade da Nigéria (NESCO), Companhia de Fornecimento de Engenharia de Campo de Minas, a Estação de Geração Térmica e os Depósitos da Mobil em vários locais da cidade.

Os transportes na cidade de Bukuru têm sido basicamente ferroviários e rodoviários e, mesmo até à data, estes dois sistemas de transporte são efetivamente utilizados na área. Nos primeiros anos, o transporte ferroviário foi ativamente utilizado para a circulação de mercadorias para as indústrias transformadoras e para os passageiros que entravam e saíam da cidade. Concluindo, 0,11% do território era a cobertura proporcional dos transportes em 1992; por conseguinte, nota-se um aumento positivo até 0,67% em 2015. Isto deve-se ao facto conhecido de terem sido construídas novas estradas de acesso, mesmo em detrimento de usos residenciais, comerciais, agrícolas e outros, respetivamente.

A taxa de mudança por ano também revelou que, 627,0 metros quadrados de cobertura de terras agrícolas mudaram para outros usos anualmente dentro de um período de 23 anos (1992-2015); comércio, indústrias, instituições, outros (espaço aberto / culturas / corpos d'água), residencial, transporte e usos mistos, também mudaram nas taxas com cobertura de terra de 412,9, 240,6, 300,7, 790,9, 212,7, 24,5, 226,5 metros quadrados, respetivamente (tabela 4).

Esta discussão conclui que as probabilidades de mais terrenos agrícolas e outros (espaços abertos/explorações agrícolas/corpos de água) reverterem para fins residenciais e outros fins são muito elevadas, tendo assim grandes efeitos prejudiciais nos recursos agrícolas e noutros terrenos disponíveis na zona. No entanto, um acompanhamento adequado das mudanças, o planeamento e a tomada de decisões corretas por parte das autoridades competentes permitiriam, em grande medida, evitar estes efeitos, protegendo as terras agrícolas de primeira qualidade de serem invadidas.

As análises da utilização da terra, tal como extraídas do questionário, revelaram que a maioria dos inquiridos tem uma formação académica formal (91,7%) e apenas (8,3%) tem uma formação académica informal; no entanto, todas as actividades de utilização da terra dos inquiridos são realizadas independentemente da sua formação académica. Quanto à etnia, (67,5%) dos inquiridos eram indígenas do Estado em estudo (Plateau), enquanto (32,5%) dos inquiridos provaram o contrário. Na mesma linha, o estatuto de propriedade dos imóveis revelou que apenas (20,8%) dos imóveis são propriedade privada, enquanto (79,2%) desses imóveis são alugados ou arrendados. A duração da ocupação dos imóveis revelou o facto de que (73,3%) são de propriedade recente, ou seja, (de 2005 a 2015), enquanto (79,2%) são arrendados ou alugados: - (de 2005-2015), enquanto (14,2%) foram ocupados de (1992-2005) e (12,5%) foram ocupados antes de 1992.

Os factores responsáveis pela mudança no uso da terra revelaram que a ausência de razões foi o principal fator com 77 (64,2%), a disponibilidade de instalações como estradas, água e eletricidade com 15 (12,5%), a elevada procura da categoria de uso 15 (12,5%), a mudança no estatuto da cidade de Bukuru com 9 (7,5%) e também a mudança na política governamental sobre a terra/uso da terra com 4 (3,3%), foram responsáveis pelas mudanças no uso da terra.

As respostas dos inquiridos sobre o impacto da mudança no valor das suas propriedades em termos monetários revelaram que a maioria (94,2%) teve um aumento positivo no valor monetário das suas propriedades, (1,7%) foi indiferente, ou seja, não teve valor e (4,2%) teve uma diminuição no valor monetário das suas propriedades: -(1,7%) ficaram indiferentes, ou seja, sem valor e (4,2%) tiveram uma diminuição do valor monetário das suas propriedades.

Em geral, os padrões de mudança de uso do solo na cidade de Bukuru podem ser fortemente atribuídos à disponibilidade de instalações como estradas, água e eletricidade, à elevada procura da categoria de uso, à mudança de estatuto da cidade de Bukuru e também ao aumento positivo do valor monetário das propriedades, entre outros.

5.2 IMPLICAÇÕES DA ALTERAÇÃO DOS PADRÕES DE UTILIZAÇÃO DOS SOLOS

A tendência e o padrão de mudança observados na área mostram claramente uma perda de vegetação natural a um nível muito elevado. Aparentemente, isto pode levar à degradação da terra, à erosão e até mesmo afetar os residentes diretamente na zona, devido à perda de biodiversidade, à redução da terra disponível para actividades económicas, comerciais e de produção alimentar, bem como à alteração da taxa de processos atmosféricos para uma vida saudável.

As mudanças no uso da terra, no entanto, não têm apenas efeitos negativos, mas também têm seus impactos positivos; seu efeito se materializa em um curto espaço de tempo para incluir: - a geração de riqueza, a produção contínua de alimentos e o uso eficiente de recursos, entre outros.

5.3 RECOMENDAÇÕES

É hoje um facto conhecido que a cidade de Bukuru é a segunda maior cidade de Jos, capital do Estado de Plateau, enfrentando uma pressão populacional crescente. Por isso, é necessário combater as alterações do uso do solo, mesmo que estas se infrinjam mutuamente. Por este motivo, o padrão de alterações da utilização do solo analisado e observado neste trabalho serve de sinal para a necessidade de planeamento e monitorização das alterações. Por conseguinte, para facilitar o planeamento e a monitorização adequados de tais mudanças, são feitas as seguintes recomendações -

- Que todas as áreas/usos de terra apropriados dentro da cidade de Bukuru sejam capturados numa base de dados e que lhes sejam atribuídos usos adequados e específicos; para um controlo adequado das mudanças, mesmo que os usos da terra se infrinjam uns aos outros com o passar do tempo.
- Mais áreas de terra dentro da cidade deveriam ser reservadas como Infra-estruturas Verdes Urbanas (I.V.U.) ou zonas; que serviriam como áreas recreativas, zonas turísticas e também ajudariam a equilibrar a taxa de escoamento de água, mantendo assim o lençol freático da área.

- Que, com a pressão crescente da população e a expansão urbana na área, devem ser criadas lojas em diferentes locais para ajudar as actividades comerciais, o que também reduzirá a taxa de congestionamento no Central Business District (CBD).
- Que, à medida que forem sendo construídas mais estradas de acesso, sejam providenciadas drenagens adequadas e bem canalizadas para evitar riscos de inundações e perigos na evolução do tempo.

5.4 RESUMO E CONCLUSÃO

O estudo procurou determinar as mudanças na utilização do solo na cidade de Bukuru, Jos-South LGA, utilizando dados de deteção remota e técnicas de SIG para o processamento de imagens, o que ajudou a mapear as utilizações do solo nas suas respectivas categorias. Nesta mesma linha, os resultados produziram a cobertura espacial de diferentes tipos de utilização do solo encontrados na área de estudo, as alterações na cobertura espacial das utilizações do solo ao longo dos anos de estudo e, finalmente, as taxas anuais de alteração para cada tipo de utilização do solo entre as épocas (1992-2015), respetivamente.

REFERÊNCIAS

Turner, B.L., et al., (2006). Relating Land Use Groups on Land use / Land Cover Changes, Estocolmo; Academia Real Sueca.

Peter H. V. (2004). Land Use Change Modeling: current practice and research priorities. Geographic Journal, Países Baixos 61 p. 309.

James R. Anderson, Ernest E. Hardy, John T. Roach e Richard E. Witmer, (2001) um Sistema de Classificação da Utilização e Ocupação do Solo para Utilização com Dados de sensores remotos.

John Wiley, (2011); Land Use/Land Cover Changes and Climate: Modelação Análise e evidência observacional.

Laka, (1994) Land Use Changes in Bukuru town, Jos-South L.G.A. from 1975-1992.

Qihao Weng, (2001) Análise da alteração da utilização dos solos no delta do rio Zhujiang na China Utilização de deteção remota por satélite; SIG e modelação estocástica.

Barry Zondag; Judith Borsboom, (2009) Driving Forces of Land-Use Change.

Gitas I.Z., San Miguel Ayanz J., (2003) Deteção e mapeamento da terra Uso/Cobertura do Solo (LULC) no Vale do Jordão utilizando o LANDSAT Imagens.

Riks BV, (2008). Assessment and Scenarios of Land Use Change in Europe (Avaliação e Cenários da Alteração da Utilização dos Solos na Europa).

Arzu Erener e Hafize Sebnem Duzgun, (2009). Uma metodologia para o uso da terra Deteção de alterações em imagens panorâmicas de alta resolução com base na análise de texturas.

Helen Braissoulis, (2013) Analysis of Land Use Change; theoretical and modeling Análise.

Lambin, Eric. & Geist, Helmut. (2007) Causes of Land-Use and Land-Cover Alterar.

Osmond Vitez, (2009) Definições económicas dos quatro factores de produção.

Enciclopédia da Terra, (2010).

Web finance, Dicionário de inglês e de negócios, (2014).

Lester E. Brown, (2014) Land as a resource.

Anderson et al. (1976) A Land Use and Land Cover classification system for use com dados de sensores remotos. Geological Survey professional Paper no.964, U.S. Gabinete de Imprensa do Governo, Washington D.C. P.28.

Nuhu Hadiza, (2012) Land Use/ Cover Change Detection in Lafia 1987-2012.

FMH & UD, 2006, Workshop Nacional sobre Documentação e Titulação de Terras Procedimentos na Nigéria. Ministério Federal da Habitação e do Desenvolvimento Urbano Zona NW de Kano, Nigéria.

Erle Ellis, (2010). Land Use and Land Cover Change. A enciclopédia de terra.http:/www.eoearth.org/article/Land-Use_and_Land-Cover_Change.

Coppin, P. e M. Bauer (1996).Deteção digital de alterações em ecossistemas florestais com Imagens de Deteção Remota. Remote Sensing Reviews 13(3-4): 207-234)

Lambin .E .F. (2001). The Causes of Land Use and Land Cover Change: Moving beyond the myth. Global Environmental change II. P 261-269.

Lambin E. F. et al (2003). Dynamics of land use and land cover change in tropical regions (Dinâmica da alteração da utilização e da ocupação do solo nas regiões tropicais). Annual reviews environment resource, 28:205-41.

Xu Lu e Zhang Shaoging (2008): O estudo comparativo de três métodos de deteção de alterações em imagens de deteção remota. Os resultados internos da Fotogrametria, Sensoriamento Remoto e Ciências da Informação Espacial. Vol. XXXVII. Parte B7, P. 1595.

U.N.F.A.O. (2012).Organização das Nações Unidas para a Alimentação e a Agricultura, Online Revistas.

Comissão Nacional da População da Nigéria (2006).www.npc .gov.ng.com.

Deng, J., K. Wang, et al. (2008). Deteção e análise de alterações do uso do solo com base em PCA utilizando dados de satélite multitemporais e multissensor. International Journal of Remote Sensing 29(16): 4823-4838.

Coppin, P. & Bauer, M. 1996. Digital Change Detection in Forest Ecosystems with Remote Sensing Imagery; Remote Sensing Reviews. Vol. 13. p. 207-234.

Dimyati, et al. (1995). Uma análise da alteração da utilização/cobertura do solo utilizando A combinação de MSS Landsat e Land Use Map- Um estudo de caso de Yogyakarta, Indonésia, International Journal of Remote Sensing 17(5): 931 - 944.

Daniel, et al, 2002 A comparison of Land use and Land cover Change Detection Métodos. Conferência Anual ASPRS-ACSM e Congresso FIG XXII pg.2.

APÊNDICE 1
QUESTIONÁRIO DE ESTUDO

ALTERAÇÕES DO USO DO SOLO NA CIDADE DE BUKURU, JOS-SOUTH L.G.A

Sou estudante do Departamento de Geografia e Planeamento da Universidade de Jos e estou atualmente a realizar uma investigação sobre o tema "**Mudanças na utilização do solo na cidade de Bukuru, Jos-South L.G.A**". Este questionário constitui uma parte fundamental do meu trabalho de investigação e peço-lhe humildemente que responda a ele da forma mais adequada possível. As suas respostas serão tratadas com a máxima confidencialidade e só serão utilizadas estritamente para fins académicos. Agradeço desde já a vossa colaboração.

INFORMAÇÃO DE BASE DOS INQUIRIDOS

1. FORMAÇÃO ACADÉMICA

   [Formal] [Informal]

2. GRUPO ÉTNICO [ ]

3. IDADE [ ]

INFORMAÇÕES SOBRE O IMÓVEL

1. É proprietário deste imóvel?

   [**SIM**] [**NÃO**]

2. Há quanto tempo ocupa este imóvel?

   [**Antes de 1992**] [**De 1992 a 2005**] [**De 2005 a 2015**]

3. Para que é que o imóvel é utilizado atua

4. Para que é que foi utilizado no ano de 2005

5. Para que é que foi utilizado no ano de 2013?

6. Se a utilização mudou, quando é que a mudança oco

7. O que, na sua opinião, contribuiu para a mudança de utilização?
   (a) Alteração da política governamental em matéria de terras/utilização das terras.
   (b) Elevada procura da categoria de utilização.
   (c) Produtividade de uma determinada categoria de utilização.
   (d) Alteração do estatuto da cidade de Bukuru.
   (e) Aumento da população.
   (f) Regime de propriedade da terra.
   (g) Disponibilidade de instalações como estradas, água e eletricidade.
   (h) Outro(s)

8. Qual é o impacto da mudança no valor do imóvel em termos monetários?

Aumento do valor	Diminuição do valor	Sem impacto

MIX
Papier aus verantwortungsvollen Quellen
Paper from responsible sources
FSC® C105338

Printed by Books on Demand GmbH, Norderstedt / Germany